U0156130

中里华奈的
迷人蕾丝花饰钩编

Lunarheavenly

〔日〕中里华奈　著

蒋幼幼　译

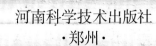
河南科学技术出版社
·郑州·

前 言

我喜欢花，
喜欢编织，
喜欢一切小巧可爱的东西。

小时候的梦想是将来开一家花店。
后来，接触到钩针编织，
便对"钩织花朵"产生了浓厚的兴趣。

用纤细的蕾丝线钩织的花朵如同真花一般可爱。
一根线，一点一点地钩成各种小花，
这个过程就像变魔术一样，让人心动不已。

用白色线钩织，然后上色，可以有无穷的变化。
无论是完全按植物的自然本色上色，
还是像绘画一样发挥想象自由地上色，都充满了乐趣。

虽然都是很小很小的花朵，
但是制作成饰品佩戴在身上，心情都会跟着兴奋起来。
我非常喜欢那一瞬间带给我的喜悦。

请试着钩织喜欢的小花，再染上喜欢的颜色吧！
如果本书能为您的日常生活增添别样色彩，我将感到无比幸福。

Lunarheavenly　中里华奈

目 录

本书内容导航

关于材料

· 本书介绍的材料有时会因为制造商和销售商店的不同，名称也会有所不同。此外，关于材料的相关信息截至2017年3月。有些商品可能由于制造商的原因停止生产或废弃该型号，敬请谅解。

饰品的制作方法

· 讲解了将钩织好的花朵和叶子组合在一起制作成饰品的过程。关于饰品的制作方法，请参照p.58。

· p.59~67、p.76~79的制作过程说明中添附了彩图。其中介绍的技巧同样可以应用到其他饰品的制作中，请作为参考。

花朵的制作方法

· 讲解了钩织花朵和叶子，以及制作茎部的过程。花朵和叶子等都附有编织图解。关于工具、材料、钩针编织基础等，请参照p.30~39。

· 图片中使用的颜色在配色表中标注为p.41色谱中的编号，制作时请按此进行上色。

要领

· 各种花朵和饰品的制作要领都附加图片进行了详细的讲解。

铃兰

小小的、圆圆的铃兰花就像铃
铛一样，煞是可爱。
花朵周围的叶子也非常别致。

*How to make*_____ p.55

百合

独特的花蕊使用的
是人造仿真花蕊，
洁白的花瓣给人非常清新的感觉。

*How to make*_____ p.45

白车轴草

这个作品形象地再现了白车轴草在地面蔓延生长的茎部形态。有三叶草，也有四叶草。

How to make_____ p.53

雪花莲

低垂的花朵显得楚楚动人。再用多余的花艺铁丝制作成根部。

How to make_____ p.57

风铃花

又被称为"钟花"，
花朵的色调比较柔和。

How to make ____ p.45

银莲花

加深花瓣和花芯
的颜色对比，
给人非常雅致的感觉。

How to make ____ p.44

绣球花

又名"八仙花""紫阳花"，
珍珠花芯增添了光泽。

How to make ____ p.51

鸭跖草

几乎跟真的鸭跖草大小一样，
给人栩栩如生的感觉。

How to make____p.56

勿忘我

可爱的小花，错落有致，
真的不同一般。
将花色染成渐变的效果。

How to make____p.54

角堇

角堇要比三色堇
小一圈。

How to make_____p.43

紫罗兰

分别染上浓淡相宜的紫色，
也不要忘了花茎顶端的独
特形状。

How to make_____p.42

三色堇

三色堇的颜色非常丰富，
也可以染上自己喜欢的
颜色。

How to make_____p.43

向日葵

大朵的向日葵看起来充满
朝气，
鲜亮的黄色更是给人生机
勃勃的印象。

How to make _____ *p.47*

水仙花

清新水灵的水仙花，
有两种花芯。

How to make _____ *p.46*

洋甘菊

洋甘菊拥有独特的花芯，
在中间塞入线后呈现出
很强的立体感。

How to make _____ *p.50*

櫻花

淡雅的颜色、考究的细节，
作品非常漂亮、逼真。

How to make p.44

山茶花

作品再现了圆润饱满的
山茶花，
花蕊使用了成束的人造
仿真花蕊。

How to make ＿＿ *p.49*

大丽菊

花瓣层层重叠，
淡粉色显得娇俏、可爱。

How to make ＿＿ *p.48*

玫瑰

钩织一条长长的织片，
再卷成花朵的形状。

How to make ＿＿ *p.52*

七彩蝴蝶胸针

钩织出色彩缤纷、大小不同的花朵，
将它们组合成蝴蝶形状。
彩虹般的渐变效果，如梦如幻。

*How to make*_____ *p.66*

蓝色蝴蝶项链

鲜亮的蓝色令人印象深刻。
如果将相同的花朵染上不同的颜色，
会带来别样的视觉享受。

How to make___ p.70

花束耳夹

将各种小花扎成花束。
也可以替换成自己喜欢的小花哟。

How to make _____ *p.68*

花束项链

钩织不同大小的花朵，
染成同色系后错落有致地
扎成花束。

How to make ____ *p.60*

樱花发梳和项链

佩戴在身上，宛如真的樱花。
作品背面的处理也非常完美。

How to make_____p.71

山茶花项链和戒指

深红色使饰品格外引人注目。
不妨再搭配一条金色的链子。

How to make_____p.68

单朵小花饰品

设计简约，方便佩戴。
虽然只有一朵小花，却很是别致。

How to make_____p.59

小花手链

将小花随意地连接在绳子上，
给人的感觉非常清新、自然。

How to make_____p.70

小天鹅胸针

结合刺绣，与钩织的花朵
组合成小天鹅形状。
淡淡的渐变色凸显了作品
的精致。

How to make ___ p.74

花环胸针

将花的茎部扎成束制作成
花环状。
各色各样的花朵使作品显
得非常华丽。

How to make ___ p.73

鸭跖草胸针

按照鸭跖草的基本形态制作
而成。
叶子上的玻璃珠如同清晨的
露珠。

How to make ___ p.64

一朵玫瑰的迷你花园

在小小的圆顶玻璃罩里
放入一朵玫瑰和一片花瓣。

How to make_____ p.76

微型钩织玩偶的
浪漫花园

微型钩织玩偶和花朵
组成了一个迷你花园。

How to make_____ p.78

丝带项圈

将色彩鲜艳的花朵
缝在天鹅绒丝带上。

How to make _____ *p.72*

铃兰耳饰

将这支铃兰装饰在耳边吧！
因为是夹式耳环，戴上或取下都很方便。

How to make _____ p.62

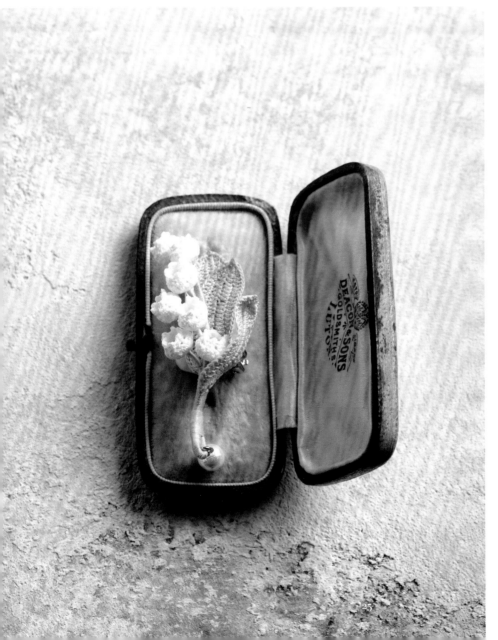

25

夹式和穿孔式音符耳环

迷你饰品总是给人轻快的感觉。
也可以制作成项链和胸针。

How to make_____ p.75

装饰领式项链

将花朵缝在衣领形状的底片上。
深蓝色和淡粉色的渐变效果使作品显得
非常雅致。

How to make_____ p.69

下面介绍制作作品时所需要的工具。让我们准备好方便使用的工具吧。

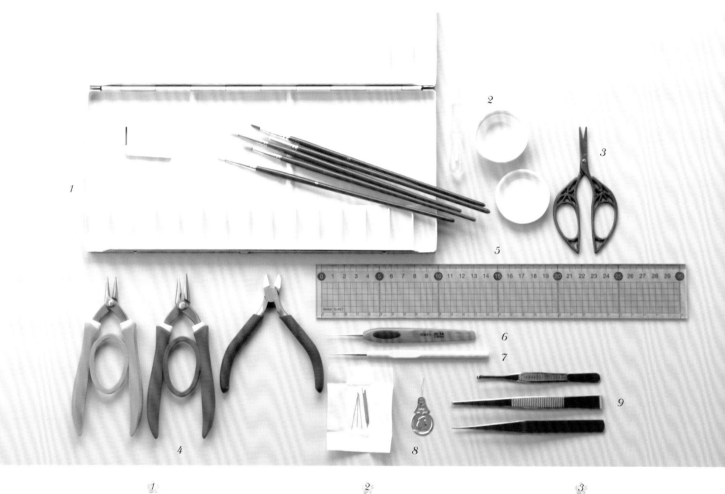

1
调色盘、画笔
混合或稀释染料时使用。使用0号画笔。每种颜色使用一支画笔，上色效果会更好。

2
吸管、小碟子
用水稀释染料时使用。小碟子也可以用来放辅料或配件。

3
剪刀
剪断线和花艺铁丝时使用。请选择头部细窄、比较锋利的剪刀。

4
剪钳、钳子
安装金属配件和辅料时使用。根据需要灵活使用剪钳、平嘴钳、圆嘴钳。

5
尺子
用于测量钩织小花的尺寸和辅料及配件的长度。

6
蕾丝钩针
本书中使用的是No.14（0.5mm）的蕾丝钩针。用到圆顶玻璃罩的作品则使用更细的0.4~0.45mm的钩针。

7
锥子
扩大针目时使用。建议选择尖细型。

8
缝针、穿针器
将小花缝在莲蓬头金属配件和不织布等上面时使用。尖细短小的缝针比较好用。刺绣作品中也会用到刺绣针。在将极细的蕾丝线穿入缝针的针眼时，穿针器是必不可少的。

9
镊子
用于调整钩织的小花形状等。准备尖头的和圆头的两种镊子，操作会更加方便。

基本材料

下面介绍本书中使用的主要材料。
制作饰品时用到的材料请参照p.58。

1
人造花专用染料

用于给钩织的花朵上色。使用人造花专用液体染料，用水稀释后混合调配，可以调出各种颜色。本书使用的是Roapas Rosti染料。p.41的色谱中，天蓝色和海蓝色使用的是Roapas Batik皮革专用液体染料，可按Roapas Rosti染料的相同要领使用，调配的蓝色鲜亮、有光泽。染料的使用方法请参照p.40。

2
花艺铁丝

主要使用26号和35号白色花艺铁丝。给花朵和叶子制作茎部时使用。

4
蕾丝线

本书中使用DMC蕾丝线，有80号CORDONNET SPECIAL的BLANC（白色）和ECRU（原白色）两种。圆顶玻璃罩的作品部分使用了100号蕾丝线。

6
黏合剂

在花艺铁丝上缠绕蕾丝线时使用。推荐使用木工专用黏合剂。

3
人造仿真花蕊

市面销售的人造仿真花蕊有很多种。本书中使用的是蕊头直径1mm的白色和黄色花蕊。

5
定型喷雾剂

作品完成后，为了防止变形会使用定型喷雾剂。为避免喷到饰品的金属配件，请用遮蔽胶带包住配件后再使用。

7
锁边胶

用于固定缠在花艺铁丝上的线头。

钩针编织基础

钩织花朵时，会用到一些钩针编织的小技巧。
譬如挂线和起针方法等，扎实地掌握了这些技巧后就动手钩织吧！

挂线方法

1 用右手拿住线头，将线从左手的小指和无名指中间拉出至前面，挂在食指上。

2 抬起食指，将线拉直。留出长约10cm的线头，用拇指和中指捏住。无名指稍稍弯曲，钩织时调节线的松紧度。

钩针的握法

用拇指和食指握住钩针，然后用中指轻轻地抵住。

锁针起针

1 在钩针上绕1圈线，再次在钩针上挂线。

2 朝箭头方向将线拉出。

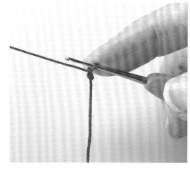

3 拉出后的状态。此针不计入起针针数。

4 再次在钩针上挂线后拉出。重复此操作，钩织所需针数。

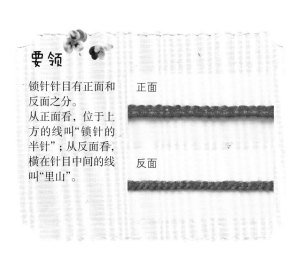

要领

锁针针目有正面和反面之分。
从正面看，位于上方的线叫"锁针的半针"；从反面看，横在针目中间的线叫"里山"。

正面

反面

环形起针　　钩织花朵时，环形起针后从中心开始钩织。也可以钩锁针，连接成环形后钩织。

1 在左手的食指上绕2圈线。

2 用右手的拇指和食指捏住线的交叉位置，将线环从手指上取下。

3 将线挂在中指上，在线环中插入钩针，接着在钩针上挂线后拉出。

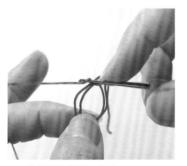

4 钩针再次挂线，拉出。

5 拉紧，以免线环散开。

6 在钩针上挂线后拉出，这一针是"1针锁针的立针"。

技巧小专栏　关于挂线方法

本书中，钩织花朵时，线会拉得比较紧。所以，线的松紧度关系到作品完成时的形态。如果钩织时线太松，花朵的形状就会发生变化。如果用基础的挂线方法很难调节线的松紧度的话，可以在左手的无名指上绕2圈线，再将线挂在中指上，然后用食指和拇指捏住线头。这样，钩织时就比较容易调节线的松紧了。

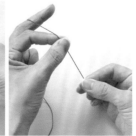

基础的钩织方法和针法符号

下面介绍本书中出现的针法符号和基础钩织方法。

○ 锁针　　最基础的针法，常用来起针。

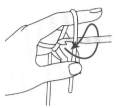   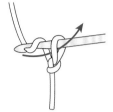 

拉紧

第1针

1. 如箭头所示转动钩针挂线，制作一个线环。

2. 捏住线交叉的位置，在钩针上挂线，从线环中将线拉出。

3. 拉线头收紧线环。此针不计为1针。

4. 在钩针上挂线，朝箭头方向将线拉出，穿过钩针上的针目。

5. 第1针完成。重复步骤4的"挂线、拉出"，钩织所需针数。

● 引拔针　　连接针目与针目、钩织狗牙针等，都会用到此针法。

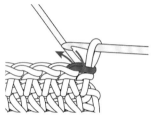 

1. 如箭头所示，在前一行针目的头部2根线里插入钩针（前一行是锁针时，在锁针的半针和里山，或者仅在里山插入钩针）。

2. 在钩针上挂线，将线引拔出。

要领

未完成的针目

不做最后的引拔，将线圈留在钩针上的状态叫"未完成的针目"。常见于减针等情况。

╳ 短针　　1针锁针的立针因为针目很小，所以不计入针数。

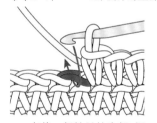   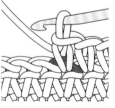

1. 在前一行针目的头部2根线里插入钩针（前一行是锁针时，在锁针的半针和里山，或者仅在里山插入钩针）。

2. 在钩针上挂线，朝箭头方向拉出。

3. 再次在钩针上挂线，一次引拔穿过钩针上的2个线圈。

4. 1针短针完成。重复步骤1~3。

┬ 中长针　　中长针的针目长度介于短针和长针之间。2针锁针的立针也要计入针数。

 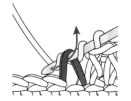  

1. 在钩针上挂线，如箭头所示，在前一行针目的头部2根线里插入钩针。

2. 在钩针上挂线，将线拉出至2针锁针的高度。

3. 在钩针上挂线，一次引拔穿过钩针上的3个线圈。

4. 1针中长针完成。重复步骤1~3。

┰ 长针　3针锁针的立针也要计入针数。

1 在钩针上挂线，如箭头所示，在前一行针目的头部2根线里插入钩针。

2 在钩针上挂线，将线拉出至2针锁针的高度。

3 在钩针上挂线，一次引拔穿过钩针上的2个线圈。

4 再次在钩针上挂线，一次引拔穿过钩针上的2个线圈。

5 1针长针完成。重复步骤1~4。

┲ 长长针　长长针的针目比长针多1针锁针的长度。4针锁针的立针也要计入针数。

 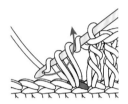 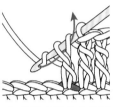  

1 在钩针上绕2圈线，如箭头所示，在前一行针目的头部2根线里插入钩针。

2 在钩针上挂线后拉出，再次在钩针上挂线，一次引拔穿过钩针上的2个线圈。

3 再次在钩针上挂线，一次引拔穿过钩针上的2个线圈。

4 再次在钩针上挂线，一次引拔穿过钩针上的2个线圈。

5 1针长长针完成。重复步骤1~4。

┳ 3卷长针　在钩针上绕3圈线后钩织。5针锁针的立针也要计入针数。

   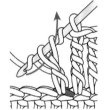  

1 在钩针上绕3圈线，如箭头所示，在前一行针目的头部2根线里插入钩针。

2 在钩针上挂线，将线拉出至2针锁针的高度。

3 在钩针上挂线，一次引拔穿过钩针上的2个线圈。

4 再次在钩针上挂线，一次引拔穿过钩针上的2个线圈。

5 再次在钩针上挂线，一次引拔穿过钩针上的2个线圈。再重复一次。

6 1针3卷长针完成。重复步骤1~5。

◉ 3针锁针的狗牙针

3针锁针

1 钩3针锁针，然后如箭头所示，在根部针目的头部半针和尾针的1根线里挑针。

2 在钩针上挂线，一次引拔穿过钩针上的所有线圈。

3 3针锁针的狗牙针完成。

✕ 短针的条纹针

与短针的钩织要领相同，在前一行针目的头部2根线的后面半针里插入钩针钩织。这样，前面半针呈条纹状留下来。环形钩织时，织片的正面就会呈现条纹花样。

加针和减针　　下面是增加或减少针目的技巧。

☒ = ∨ 1针放2针短针

1. 钩1针短针，然后在同一个针目里再次插入钩针。

2. 再钩1针短针。

3. 钩入2针短针后的状态。这样，就增加了1针。

要领

此处以短针为例进行了说明。其他针法的加针方法与此钩织法基本相同。

◇ = ⋀ 2针短针并1针

1. 与短针钩织要领相同，将线拉出（未完成的针目）。紧接着在下个针目里插入钩针。

2. 在钩针上挂线后拉出。再次在钩针上挂线，一次引拔穿过钩针上的3个线圈。

3. 右侧的1针叠于上方，前一行的2针并作了1针。

要领

⋔ 与 ∀ 的区别

针法符号的根部（符号的下端部分）连在一起时，在前一行指定针目里挑针钩织。根部分开时，挑起前一行的整个锁针钩织（也叫"成段挑针钩织"）。

∨ 1针放2针长针

1. 钩1针长针，然后在钩针上挂线，在同一个针目里插入钩针。

2. 再钩1针长针。

3. 钩入2针长针后的状态。这样，就增加了1针。

要领

 1针放3针长针

 1针放4针长针

 1针放5针长针

此处说明了1针放2针长针的钩织技巧。有些作品中的花朵会在1个针目里钩入3针以上。加针的针数虽然增加了，但是钩织的基本要领是相同的。

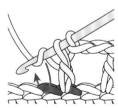 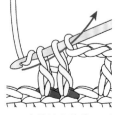 

⋀ 2针长针并1针

1. 钩织未完成的长针，然后在钩针上挂线，在下个针目里插入钩针。

2. 在钩针上挂线，再钩1针未完成的长针。在钩针上挂线，一次引拔穿过钩针上的所有线圈。

3. 右侧的1针叠于上方，前一行的2针并作了1针。

钩织花片

这里讲解的是基础款小花的钩织方法，可广泛应用于蝴蝶胸针和项链的底片，以及手链等作品中。

钩织小花

基础款小花的钩织方法，可应用于多个作品中。

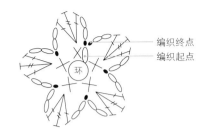

编织终点
编织起点
环

1 参照p.33制作线环，钩1针锁针的立针和1针短针。

2 再钩4针短针。

3 拉线头，确认线环中哪根线在活动。

4 拉步骤3中活动的那根线，收紧线环。

5 拉线头，收紧线环剩下的线。

6 在第1针短针头部的2根线里插入钩针，在钩针上挂线后引拔。

7 钩2针锁针、1针长针、1针长长针、1针长针。

8 钩2针锁针，在下个针目里插入钩针，挂线后引拔。

9 第1片花瓣完成。

10 参照图解钩织剩下的花瓣。

11 第5片花瓣钩完最后2针锁针后，在最初的针目里插入钩针，挂线后引拔。

12 引拔后留长约25cm的线，剪断。

13 将剪断的线头引拔出。拉紧编织起点的线头后剪断。

小花的应用变化

只需稍稍改变钩织方法，就会变成尖头花瓣的小花。图解中以★标示。

编织终点
编织起点
环

1 参照p.37钩至步骤7中的长长针。

2 在长长针尾部左端的1根线里挑针。

3 在钩针上挂线后引拔。

4 引拔后的状态。

5 继续按图解钩织即可完成。★以外部分的钩织要领与小花相同。

叶子（加入花艺铁丝）

长长的叶子需要加入花艺铁丝钩织而成。此处，以百合的叶子（参照p.45）为例进行说明。

1 参照p.32"锁针起针"，按相同要领钩至步骤3，松开线结后穿入花艺铁丝。

2 拉紧线，将花艺铁丝和编织起点的线一起拿好。

3 将钩针从花艺铁丝的下方穿过，在钩针上挂线。

4 从花艺铁丝的下方将线拉过来。

5 保持线在钩针上的状态，从花艺铁丝的上方再在钩针上挂线，引拔穿过钩针上的2个线圈。

6 按相同要领再钩9针。这就是编织图解（参照p.45）中的锁针起针。将前面钩织的部分移至花艺铁丝的正中间。

7 钩1针锁针的立针，以此为轴，手拿织片的右侧逆时针转半圈。

8 在锁针的半针里钩入短针。

9 钩1针中长针。

10 再钩6针中长针、1针短针、1针引拔针。这样，叶子的半边就完成了。

11 钩1针锁针，如图所示折弯花艺铁丝。

12 在引拔针的前面半针和起针锁针的半针里插入钩针。

13 在钩针上挂线，引拔穿过钩针上的3个线圈。

14 在起针锁针的半针里插入钩针，从花艺铁丝的下方在钩针上挂线后拉出。

15 从花艺铁丝的上方在钩针上挂线，引拔穿过钩针上的2个线圈（1针短针完成）。

16 按相同要领钩1针中长针。

17 再钩6针中长针和1针短针后的状态。

18 在锁针立针里挑针引拔。

19 拉紧线，留长20~25cm的线头后剪断。这样，叶子就完成了。

制作茎部

下面介绍给小花和叶子制作茎部的技巧。

1 将小花编织终点的线穿入缝针，在小花中心附近入针，从反面出针将线拉出。

2 将花艺铁丝对折，在小花中心的小洞以及刚才将线穿至反面的针孔附近插入花艺铁丝，穿至根部。要加花蕊时，先插入花艺铁丝，再在中心插入人造仿真花蕊。

3 在花艺铁丝上涂上少许黏合剂，仔细地缠上线。要加上花萼时，需在缠线前，先将花萼重叠在小花的下方后穿入花艺铁丝。

4 缠到适当位置后，与叶子合在一起。对齐花艺铁丝的起点位置，将小花的线也和花艺铁丝并在一起。

5 在花艺铁丝上涂上少许黏合剂，用叶子的线将花艺铁丝和小花的线缠起来。

上色

钩织完小花和叶子等配件后，接着就是上色了。
记得也要给缠上线后的茎部上色。

染料的使用方法

1. 在调色盘里滴几滴要用的染料。

2. 用吸管分散地滴点水，然后用画笔一点点地蘸取染料，与水混合进行稀释。

3. 调配颜色时，分别将每种颜色稀释后再进行混合。

给小花上色

1. 将钩织完成的小花全部放入水中浸湿。

2. 擦干水，用指尖调整形状。

3. 将小花放在纸巾等上面，用蘸了染料的画笔进行上色。小花浸湿后，染料更容易渗入，呈现自然的渐变色效果。

4. 在纸巾等上面放置1小时左右，晾干。

5. 给花芯部分上色，放置晾干。

色谱

这里介绍的是本书中常用的颜色,上色时请以此为参考。
颜色名称下方是对应的染料颜色,使用前先用水稀释。
使用多种颜色的染料时,先将每种颜色分别稀释后再进行混合调色。

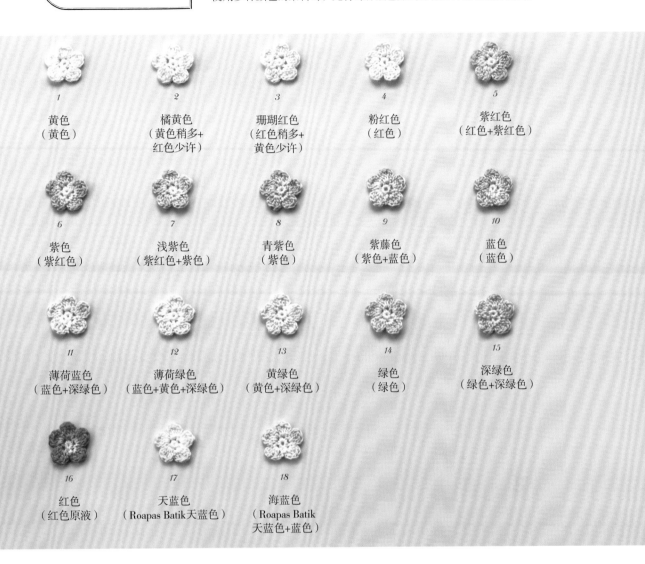

1
黄色
(黄色)

2
橘黄色
(黄色稍多+
红色少许)

3
珊瑚红色
(红色稍多+
黄色少许)

4
粉红色
(红色)

5
紫红色
(红色+紫红色)

6
紫色
(紫红色)

7
浅紫色
(紫红色+紫色)

8
青紫色
(紫色)

9
紫藤色
(紫色+蓝色)

10
蓝色
(蓝色)

11
薄荷蓝色
(蓝色+深绿色)

12
薄荷绿色
(蓝色+黄色+深绿色)

13
黄绿色
(黄色+深绿色)

14
绿色
(绿色)

15
深绿色
(绿色+深绿色)

16
红色
(红色原液)

17
天蓝色
(Roapas Batik天蓝色)

18
海蓝色
(Roapas Batik
天蓝色+蓝色)

要领

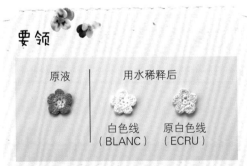

原液	用水稀释后	
	白色线 (BLANC)	原白色线 (ECRU)

如果直接使用染料原液,颜色会比较深、鲜艳。本书中的山茶花使用的就是原液。即使用同一种颜色,蕾丝线的颜色不同,上色后的效果也会不同。可以按自己的喜好选择使用。

技巧小专栏 统一色系,尽显雅致

本书中,使用了各种颜色给花样上色。制作成饰品时,也不妨统一色调。这样,相同的小花会呈现不同的视觉效果,显得更加精致、典雅。

花朵的制作方法

下面将介绍19种小花的制作方法。请一边参考基础的编织方法，一边尝试制作吧！配色表中的数字对应p.41色谱中的编号。给叶子上色时，请按个人喜好使用13~15号。较大的叶子会在一片叶子中使用多种颜色，染出层次变化的效果，显得更加逼真。

No.1 紫罗兰

作品图 —— p.10

成品尺寸（全长8cm，花的直径1cm）

材料

DMC CORDONNET SPECIAL（白色，80号）
花艺铁丝（白色，35号）
人造仿真花蕊（黄色，1mm）/2根

制作方法

参照图解分别钩织4朵小花、1个花蕾、5个花萼、4片叶子（大）、2片（小）叶子。将人造仿真花蕊对半剪开，插入花朵中心，将花萼重叠在花朵下方，参照p.39制作茎部。将花艺铁丝对折，插入叶子的环中心和旁边的针目里，穿至根部。花蕾部分是将花瓣重叠折叠在一起，用花萼包住花蕾根部后缝合。将花朵和叶子扎在一起，调整形状后上色。将剩下的花艺铁丝上色后拧成想要的形状。

配色表

A	6号（稍浅）
B	8号（从中心向外渐变）
C	7号（稍深）
D	9号
E	13、14、15号
F	稍浅的棕色

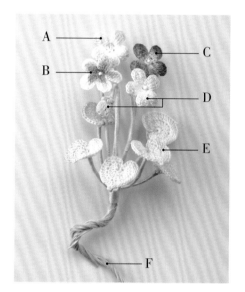

编织图解

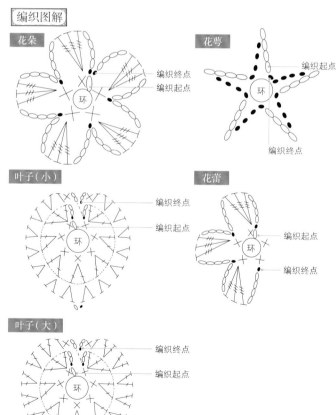

花朵　　编织终点　编织起点
花萼　　编织起点　编织终点
叶子（小）　编织终点　编织起点
花蕾　编织起点　编织终点
叶子（大）　编织终点　编织起点

No.2
三色堇

作品图 —— *p.10*

成品尺寸（全长6cm，花的直径1.5cm）

【材料】

DMC CORDONNET SPECIAL（白色，80号）
花艺铁丝（白色，35号）

【制作方法】

参照图解分别钩织花（前片）、花（后片）和花萼各2个，4片叶子（大），2片叶子（小）。将花（前片）和花（后片）重叠后在中心缝合，花（后片）的2片花瓣呈重叠状态。将花萼重叠在花朵下方，参照p.39制作茎部。将花朵和叶子扎在一起，调整形状后上色。将剩下的花艺铁丝上色后拧在一起。

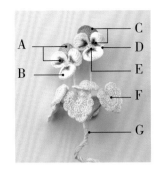

配色表

A	6号（稍深）
B	6号（稍浅）
C	10号（稍深）
D	10号（稍浅）
E	1号
F	13、14、15号
G	稍浅的棕色

编织图解

花（前片）　　花（后片）

叶子（小）　　叶子（大）　　花萼

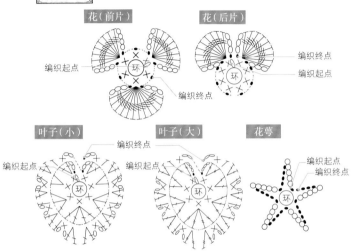

No.3
角堇

作品图 —— *p.10*

成品尺寸（全长5cm，花的直径1cm）

【材料】

DMC CORDONNET SPECIAL（白色，80号）
花艺铁丝（白色，35号）

【制作方法】

参照图解分别钩织花（前片）、花（后片）和花萼各2个，叶子（大）和叶子（小）各3片。叶子和花萼的钩织方法同三色堇。然后将花（前片）和花（后片）重叠后在中心缝合。将花萼重叠在花朵下方，参照p.39制作茎部。将花朵和叶子扎在一起，调整形状后上色。将剩下的花艺铁丝上色后拧成想要的形状。

配色表

A	1号（从中心向外渐变）
B	6号（稍深）
C	9号
D	13、14、15号
E	稍浅的棕色

编织图解

花（前片）　　　　　花（后片）

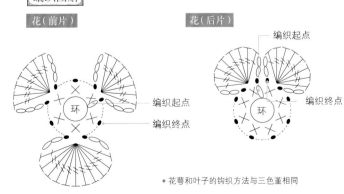

＊花萼和叶子的钩织方法与三色堇相同

樱花

作品图———p.12

成品尺寸（全长16cm，花的直径1.5cm）

材料

DMC CORDONNET SPECIAL（白色，80号）

花艺铁丝（白色，35号）

小米珠 / 约120颗

制作方法

参照图解钩织16朵小花。参照p.71制作花萼。制作花蕾时，剪下约10cm长的花艺铁丝，在花艺铁丝中间涂上少许黏合剂，缠上1cm左右的线。然后在正中心对折，缠2~3层线。枝条上的节是先剪下约3cm长的花艺铁丝，然后在花艺铁丝中间涂上少许黏合剂，缠上1cm左右的线，再在正中心对折后与花扎在一起。将花朵错落有致地扎好后调整形状，然后上色。最后在花朵的中心用黏合剂粘上7~8颗小米珠。

配色表

A	3、4号（极浅）
B	3、4号（稍深）
C	稍浅的棕色
茎	13号

编织图解

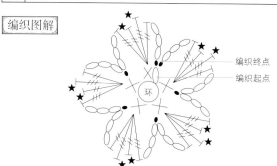

编织终点

编织起点

银莲花

作品图———p.8

成品尺寸（全长6.5cm，花的直径1.5cm）

材料

DMC CORDONNET SPECIAL（白色，80号）

花艺铁丝（白色，35号）

制作方法

参照图解分别钩织花朵、花芯和叶子（钩织方法与洋甘菊相同）。短针的条纹针参照p.35，按短针相同要领，在前一行针目头部的后面半针里插入钩针钩织。第5行在第2行针目的前面半针里插入钩针钩织。将第4行的花瓣翻至后侧，钩起来会更加容易。重叠花朵和花芯后在中心缝合。参照p.39制作茎部，然后将花朵与叶子扎在一起。

配色表

A	6号
B	8号（稍深）
C	13、14、15号

编织图解

花朵

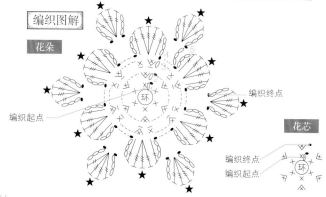

编织终点

编织起点

花芯

编织终点

编织起点

百合

作品图 —— p.6

成品尺寸（全长11cm，花的直径1.5cm）

材料

DMC CORDONNET SPECIAL（白色，80号）
花艺铁丝（白色，35号）
人造仿真花蕊（浅黄色，1mm）／约5根
人造仿真花蕊（白色，1mm）／2根

制作方法

参照图解分别钩织3朵小花、8片叶子。下层的花瓣是第3行，上层的花瓣是第4行。第3行在第2行针目的后面半针里插入钩针钩织，第4行在第2行针目的前面半针里插入钩针钩织。参照p.39制作茎部，叶子也要制作茎部，与花扎在一起。将人造仿真花蕊对半剪开，分成白色1根、浅黄色3根为1组。在白色花蕊的蕊茎上涂上少许黏合剂，在周围粘上3根浅黄色花蕊，注意比白色花蕊要低3mm左右，然后留4mm左右的蕊茎剪断。给花朵、叶子和茎部上色后，在花朵的中心用黏合剂粘上花蕊。

配色表

A	13号
B	13、14、15号

编织图解

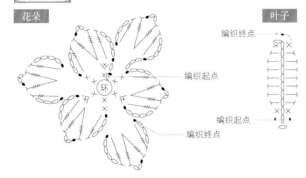

花朵　编织起点　环　编织终点　叶子　编织终点　编织起点

风铃花

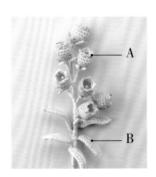

作品图 —— p.8

成品尺寸（全长9.5cm，花的直径0.5cm）

材料

DMC CORDONNET SPECIAL（白色，80号）
花艺铁丝（白色，35号）
人造仿真花蕊（黄色，1mm）／约4根

制作方法

参照图解分别钩织7朵小花和7个花萼（钩法与三色堇相同）。将人造仿真花蕊对半剪开，插入花的中心。将花萼重叠在花朵下方，参照p.39制作茎部。叶子也按相同要领制作茎部。将花朵和叶子扎在一起，调整形状后上色。

配色表

A	9号
B	13、14、15号

编织图解

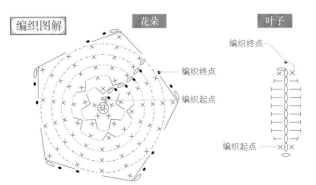

花朵　编织终点　环　编织起点　叶子　编织终点　编织起点

45

水仙花

No.8

作品图———*p.11*

成品尺寸（全长7cm，花的直径1.5cm）

【材料】

DMC CORDONNET SPECIAL（白色，80号）
花艺铁丝（白色，35号）

【制作方法】

参照图解分别钩织2朵小花、花芯各1个。下层的花瓣
是第3行，上层的花瓣是第4行。第3行的花瓣在第2行
针目的后面半针里插入钩针钩织，第4行在第2行针目
的前面半针里插入钩针钩织，挑针位置在第3行的2
片花瓣之间。将花芯重叠在花朵的上面，在中心缝合。
参照p.39制作茎部。制作叶子时，剪下15cm的花艺铁
丝，在中间缠上0.5cm的线，然后在正中间对折，再
在上面缠线。按相同要领再制作7片叶子。将花朵与
叶子扎在一起后上色。

【配色表】

A	1号
B	2号
C	13、14、15号

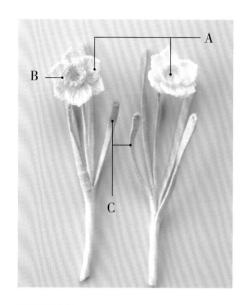

【编织图解】

花朵

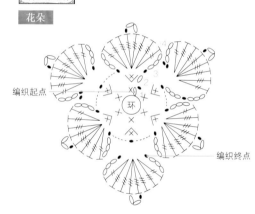

花芯①

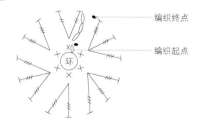

花芯②

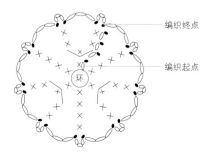

向日葵

作品图———*p.11*

成品尺寸（全长10.5cm，花的直径2.5cm）

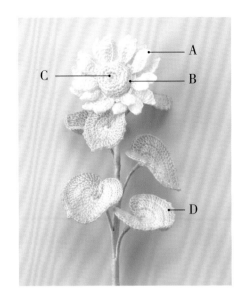

材料

DMC CORDONNET SPECIAL（白色，80号）
花艺铁丝（白色，35号）

制作方法

参照图解分别钩织花朵、花芯、花萼、6片叶子。
下层的花瓣（16片）是第5行，上层的花瓣（8片）
是第6行。第4行在第3行针目的后面半针里插入钩
针钩织。第6行的花瓣与第5行的钩织方法相同，在
第3行针目的前面半针里每隔一针插入钩针钩织。
将花芯重叠在花朵的上面，沿着边缘缝至中途，塞
入碎线头等，然后缝合剩余部分。接着，将中心部
分缝成凹陷状。将花萼重叠在花朵下方，参照p.39
制作茎部。叶子也按相同要领制作茎部，与花朵扎
在一起后上色。

编织图解

花朵

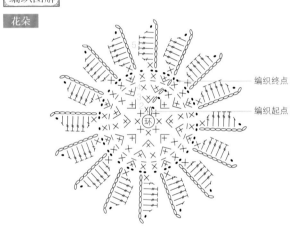

配色表

A	1号
B	2号
C	13号
D	13、14、15号

花萼

叶子

花芯

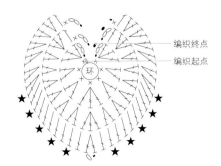

No.10
大丽菊

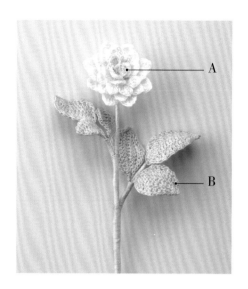

A

B

作品图——p.13

成品尺寸（全长10cm，花的直径2cm）

材料

DMC CORDONNET SPECIAL（白色，80号）
花艺铁丝（白色，35号）

制作方法

参照图解分别钩织花朵（上）、花朵（下）、花萼。叶子参照p.38加入花艺铁丝钩织，大、小叶子各3片。花朵（上）的第4行是最下层的花瓣。花朵（上）的第2、3行在前一行针目的后面半针里挑针，第5行的花瓣（4片）在第2行针目的前面半针里挑针，第6行的花瓣（2片）在第1行针目的前面半针里挑针钩织。花朵（下）最下层的花瓣是第5行，上一层花瓣是第6行。花朵（下）的第4行在第3行针目的后面半针里挑针，第6行在第3行针目的前面半针里挑针钩织。将第5行的花瓣向后翻，钩起来会更加容易。将花朵（上）重叠在花朵（下）的上面，在中心缝合。将花萼重叠在花朵下方，参照p.39制作茎部。叶子也按相同要领制作茎部，分成3片大叶子为1组，3片小叶子为1组。将花朵与叶子扎在一起后上色。

配色表

A	2、3、4号（随意上色）
B	13、14、15号

编织图解

花朵（下）

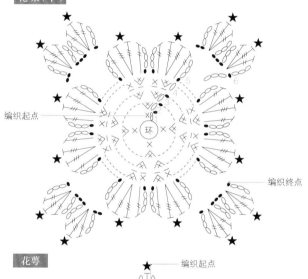

编织起点

编织终点

花萼

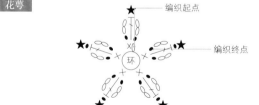

叶子（大）

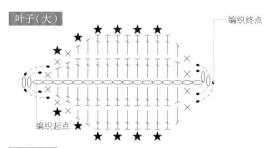

编织终点

编织起点

叶子（小）

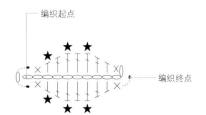

编织起点

编织终点

花朵（上）

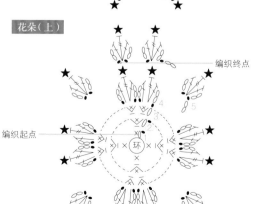

编织起点

编织终点

No.11
山茶花

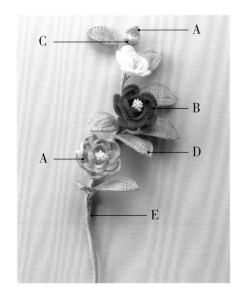

作品图 ——p.13

成品尺寸（全长11cm，花的直径1.5cm）

材料

DMC CORDONNET SPECIAL（白色，80号）
花艺铁丝（白色，35号）
人造仿真花蕊（浅黄色，1mm）/24根

制作方法

参照图解分别钩织3朵小花、3个花萼、1个花蕾。叶子参照p.38加入花艺铁丝钩织，大、小叶各4片。小花的第5行是最下层的花瓣，第6行是中间的花瓣，第7行是上层花瓣。第3、4行都是在前一行针目的后面半针里插入钩针钩织。第6行的花瓣在第3行针目的前面半针里挑针钩织，第7行在第2行针目的前面半针里挑针钩织。将花萼重叠在花朵下方，参照p.39制作茎部。叶子也要制作茎部，与花扎在一起后上色。将人造仿真花蕊对半剪开，分成16根为1组。在蕊茎上涂上少许黏合剂，将花蕊粘成一束，留4mm左右的蕊茎剪断。在花朵的中心用黏合剂粘上花蕊。

配色表

A	4号（花蕾在未浸湿的状态下上色）
B	16号
C	14号
D	13、14、15号
E	稍浅的棕色

编织图解

花朵

编织起点

编织终点

* 第6行在第3行针目的前面半针里插入钩针，在4个针目里钩入1片花瓣。按相同要领再钩3片花瓣。第7行在第2行针目的前面半针里插入钩针，在3个针目里钩入1片花瓣。按相同要领再钩2片花瓣

花蕾

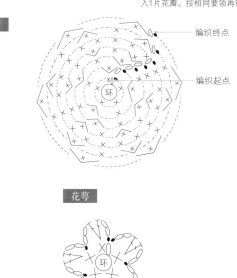

编织终点

编织起点

花萼

* 在p.70也作为小花（小）使用

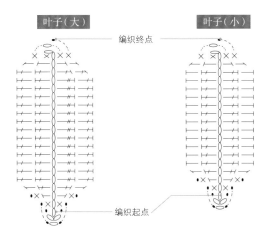

叶子（大） **叶子（小）**

编织终点

编织起点

No.12
洋甘菊

作品图——*p.11*

成品尺寸（全长11cm，花的直径1.5cm）

材料

DMC CORDONNET SPECIAL（白色，80号）
花艺铁丝（白色，35号）

制作方法

参照图解分别钩织3朵小花、3个花芯、4片叶子。参照p.39制作茎部。叶子在编织终点位置插入花艺铁丝，缠上线。将花芯重叠在花朵的上面，沿着边缘缝至中途，塞入碎线头等，然后缝合剩余部分。将花朵和叶子扎在一起后上色。

配色表

A	1号（稍深）
B	13、14、15号

编织图解

花朵

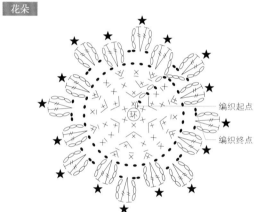

花芯

叶子

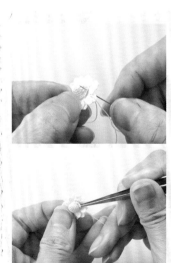

要领

将花芯重叠在花朵的上面，沿着边缘针脚细密地缝至中途，塞入碎线头等，然后缝合剩余部分。这样，完成后会呈现较强的立体感。

绣球花

作品图 ——— *p.8*

成品尺寸（全长8cm，花的直径1cm）

材料

DMC CORDONNET SPECIAL（白色，80号）
花艺铁丝（白色，35号）
无孔珍珠（白色，1.5mm）/ 12颗

制作方法

参照图解钩织12朵小花。叶子参照p.38加入花艺铁丝
钩织，大、小叶子各2片。参照p.39在花中穿入花艺铁
丝，将花朵错落有致地扎成一束，使其呈半球状。叶
子也要制作茎部，与花束扎在一起后上色。在每朵花
的中心用黏合剂粘上1颗无孔珍珠。

配色表

A	9、10、11、13号（随意上色）
B	13、14、15号

编织图解

花朵

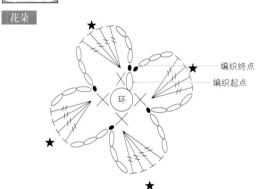

叶子（大）

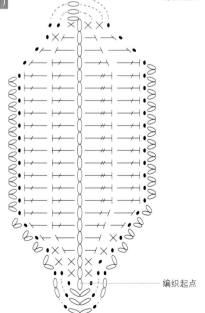

叶子（小）

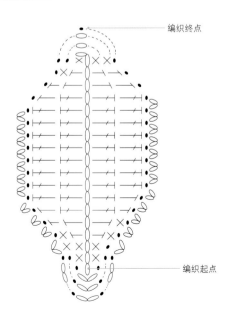

No.14
玫瑰

作品图——*p.13*

成品尺寸（全长8.5cm，花的直径1.3cm）

材料

DMC CORDONNET SPECIAL（白色，80号）
花艺铁丝（白色，35号）

制作方法

参照图解分别钩织1条带状花片即花朵（大）、1个花萼（钩法与三色堇相同）、大、中、小叶子各2片。叶子参照p.38加入花艺铁丝钩织。用镊子从花片的编织终点开始卷，要卷得紧一点，用编织终点的线头缝住。然后用手指继续一点点卷起来，注意不要让花瓣重叠，一边卷一边缝住下端（参考要领说明）。将花萼重叠在花朵下方，参照p.39制作茎部。叶子也要制作茎部，1片大叶子与2片中叶子为1组，1片大叶子与2片小叶子为1组。将花朵和叶子扎在一起，调整形状后上色。

配色表

A	3号（中心部分稍深）
B	13、14、15号

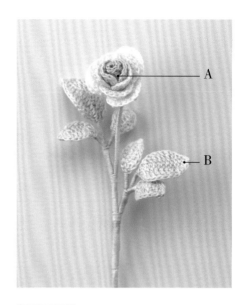

要领

玫瑰是将钩织好的带状花片卷成一朵花。从花片的编织终点开始卷，一边卷一边缝住下端。中心部分要卷得紧一点，注意不要让花瓣重叠在一起，这样卷好的花形会非常漂亮。

* 图片中的花片在卷之前已经上色。

编织图解

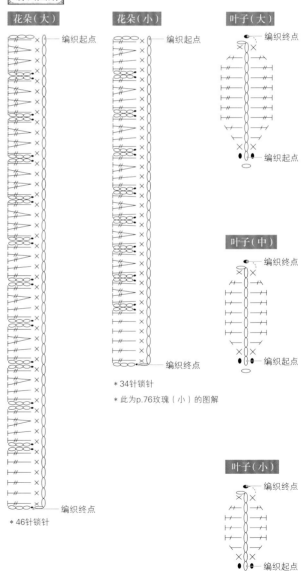

花朵（大）

花朵（小）

叶子（大）

叶子（中）

* 34针锁针

* 此为p.76玫瑰（小）的图解

叶子（小）

* 46针锁针

No.15
白车轴草

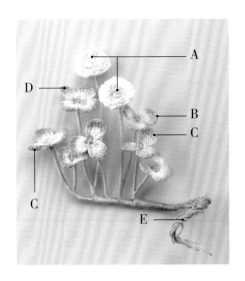

作品图——*p.7*

成品尺寸（全长5cm，花的直径1cm）

材料

DMC CORDONNET SPECIAL（白色，80号）
花艺铁丝（白色，35号）

制作方法

参照图解分别钩织2条带状花片、1片四叶草（大）、
3片三叶草（大）、1片四叶草（小）、2片三叶草
（小）。参照p.52用镊子从花片的编织终点开始卷，
要卷得紧一点，用编织终点的线头缝住。然后继续一
点点卷起来，一边卷一边缝住下端。参照p.39制作茎
部。叶子也要制作茎部，错落有致地扎在一起。将花
朵和叶子扎成一束，调整形状后上色。最后将剩下的
花艺铁丝上色后拧成想要的形状。

配色表

A	13号（中心部分稍深）
B	13号
C	14号
D	15号
E	稍浅的棕色

编织图解

三叶草（大）
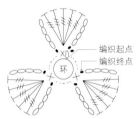

四叶草（大）
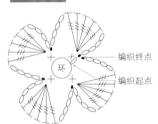

三叶草（小）
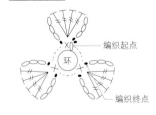

四叶草（小）
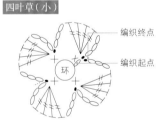

花片　*55针锁针
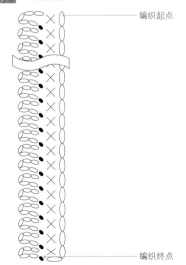

No.16
勿忘我

作品图——*p.9*

成品尺寸（全长12cm，花的直径1cm）

材料

DMC CORDONNET SPECIAL（白色，80号）
花艺铁丝（白色，35号）

制作方法

参照图解钩织11朵小花。叶子（大、小）各4片，参照
p.38加入花艺铁丝钩织。参照p.39制作茎部，将8朵小
花扎在一起。大、小各2片叶子为1组，分别将2组叶
子扎好。间隔一定距离将3朵小花扎在一起，然后将
花与刚才扎好的叶子扎成一束。调整形状后上色。花
朵中心部分要等晾干后再上色，以免渗开导致串色。

配色表

A	17号
B	18号
C	10号
D	1号（稍深）
E	13、14、15号

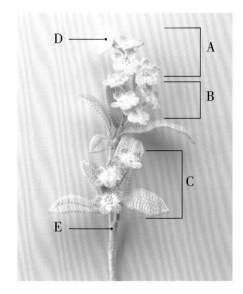

编织图解

花朵

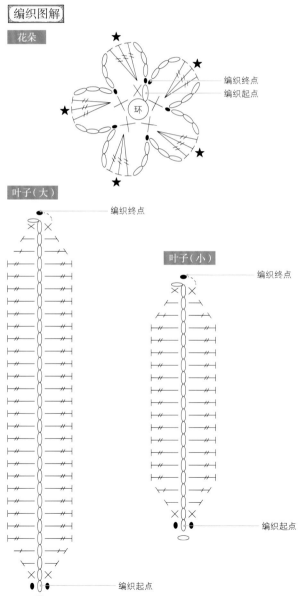

编织终点
编织起点

叶子（大）

编织终点

叶子（小）

编织终点

编织起点

编织起点

编织起点

No.11
铃兰

作品图——p.6

成品尺寸（全长11cm，花的直径0.7cm）

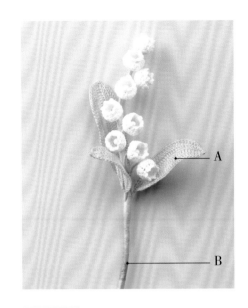

A

B

材料

DMC CORDONNET SPECIAL（白色，80号）
花艺铁丝（白色，35号）
人造仿真花蕊（珍珠白，1.5mm）/约5根

制作方法

参照图解钩织9朵小花。叶子（大、中、小）各1片，
参照p.38加入花艺铁丝钩织。小花钩织完成后，参考
要领说明，用镊子整理花形。将人造仿真花蕊对半剪
开，插入花朵中心。参照p.39制作茎部。叶子也按相
同要领制作茎部。将花朵错落有致地扎成一束，再与
叶子扎在一起后上色。

配色表

A	13、14、15号
B	稍浅的棕色

编织图解

花朵

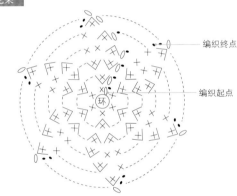

编织终点

编织起点

环

叶子（小）

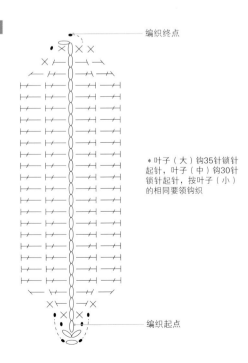

编织终点

*25针锁针

*叶子（大）钩35针锁针
起针，叶子（中）钩30针
锁针起针，按叶子（小）
的相同要领钩织

编织起点

要领

花朵钩织完成后，
将圆头镊子插入
花朵中心，在柔
软的布料等上面
像画圈一样转动
镊子，调整花形。
将编织终点的线
头穿入缝针，将
线头穿至花朵下
面。

No.18
鸭跖草

作品图——p.9
成品尺寸（全长11cm，花的直径1.2cm）

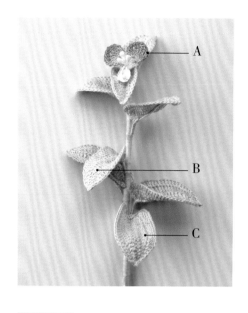

	A
	B
	C

材料

DMC CORDONNET SPECIAL（白色，80号）
花艺铁丝（白色，35号）
人造仿真花蕊（黄色，1mm）/2根
人造仿真花蕊（白色，1mm）/1根

制作方法

参照图解钩织1朵小花。3片叶子（大）、4片叶子
（中）和1片叶子（小）。参照p.38加入花艺铁丝
钩织。在人造仿真花蕊头部涂上少许干后呈透明状
的黏合剂（也可以用UV胶），晾干，然后对半剪
开。在4根黄色花蕊的蕊茎上涂上少许黏合剂粘在一
起，再将2根白色花蕊与黄色花蕊粘在一起，顶部要
比黄色花蕊长出很多。将花蕊插入花朵中心，参照
p.39制作茎部。叶子也要制作茎部，将叶子（小）
纵向稍稍弯折，就像将花朵夹在中间一样，紧靠花
的下方与花扎在一起。将其他叶子也扎在一起，注
意整体形态的均衡。最后，调整形状后上色。

配色表

A	18号（稍深）
B	14号
C	15号

编织图解

花朵

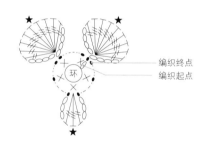

编织终点
编织起点
环

叶子（大）

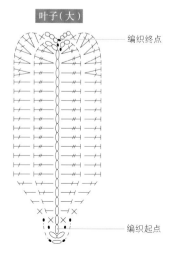

编织终点
编织起点

叶子（中）

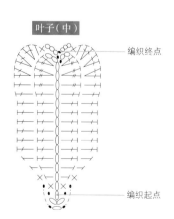

编织终点
编织起点

叶子（小）

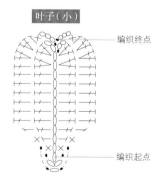

编织终点
编织起点

No.79

雪花莲

作品图 —— *p.7*

成品尺寸（全长7cm，花的直径1cm）

材料

DMC CORDONNET SPECIAL（白色，80号）
花艺铁丝（白色，35号）

制作方法

参照图解分别钩织1朵小花、1个花芯。为了方便插入花芯，钩织花朵时，中心的线环不要收得太紧，稍微松一点。叶子（大、中、小）各1片，参照p.38加入花艺铁丝钩织。将花芯插入花朵的中间，参照p.39制作茎部。剪下15cm的花艺铁丝，在中间缠上0.7cm的线，然后在正中间对折，再在上面绕线。接着将花艺铁丝放在花的后面，与花扎在一起。叶子制作茎部后，在根部与前面的花扎在一起。将剩下的花艺铁丝一起缠绕在根部，调整形状。最后，给花芯、叶子、茎部和根部上色。

配色表

A	14号
B	13、14、15号
C	稍浅的棕色

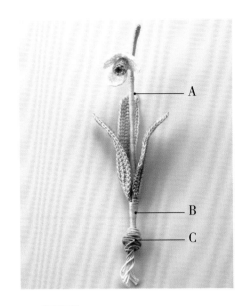

—— A

—— B

—— C

编织图解

花朵

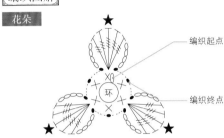

编织起点

环

编织终点

花芯

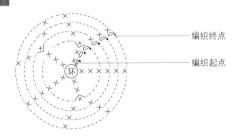

编织终点

编织起点

环

叶子（大）

编织终点

＊叶子（中）钩18针锁针起针，叶子（小）钩15针锁针起针，按叶子（大）相同要领钩织

编织起点

饰品的制作方法

下面介绍使用钩织的花朵和叶子制作饰品的要领。
只要掌握了基础技法，就可以按个人喜好进行变化应用。

辅料和金属配件的种类

小圆环、连接针

用于连接金属配件和辅料等。将连接针穿入珍珠等辅料后使用。

链子等

用于项链。挂扣一端使用弹簧圆扣，另一端使用双孔连接片和调节链等。

带莲蓬头的配件

使用时，将花朵缝在有孔的金属配件上。与戒指、耳环等饰品配件成套使用。

别针、发梳

使用时，将花朵和叶子缝好后粘在上面，或者用线缠在上面。具体的使用方法请参照各个作品的制作方法。

金属配件的使用方法

珍珠、水钻

可以用作花芯或者饰品上的装饰。注意选用的尺寸要适合作品的大小。

不织布、蕾丝布、厚衬布

作为七彩蝴蝶胸针和小天鹅胸针的底座使用。将不织布、厚衬布、打底的蕾丝布重叠起来使用。

小圆环的使用方法①

用钳子夹住小圆环的左右两头。握住左侧的钳子不动，右侧的钳子前后活动将小圆环的接口打开。

小圆环的使用方法②

在小圆环里穿入辅料等配件，与打开接口时的要领相同，前后活动钳子再将接口合上。

T形针的使用方法①

在T形针上穿入珍珠等，然后用手指按压T形针的根部，弯折成90度。

T形针的使用方法②

在距离T形针的弯折点约7mm的位置，用剪钳剪断。

T形针的使用方法③

用圆嘴钳夹住T形针的末端，朝前转动，将T形针按钳嘴的圆度弯成一个圈。

T形针的使用方法④

弯成圈后的状态。可以用小圆环等连接使用。

单朵小花饰品

使用1朵小花制作而成的简单饰品。
只需缝在莲蓬头金属配件上，就能制作出各种各样的饰品。

作品图——*p.20*
成品尺寸（每朵花的直径均为1.5cm）

[材料]

喜欢的小花	各1～2朵	棉花珍珠耳堵（浅米色）	1对

[夹式耳环]

莲蓬头夹式耳环金属配件（黄铜）	1对	[项链吊坠]	
棉花珍珠（白色，6mm）	2颗	莲蓬头吊坠金属配件（黄铜，带圈）	1个
T形针、小圆环	各2个	棉花珍珠（白色，6mm）	1颗
[穿孔式耳环]		T形针、小圆环、吊坠扣	各1个
莲蓬头穿孔式耳环金属配件（黄铜）	1对	[发卡]	
		莲蓬头发卡金属配件	1个

[配色表]

A	2号	D	9号
B	1号	E	2、3、4号（随意上色）
C	6号（稍深）	F	1号

[制作方法]

1. 参照p.43钩织三色堇的花（前片）和花（后片），各钩2片，然后上色。将莲蓬头金属配件重叠在花（后片）的下层花瓣后面，这样正面就看不见莲蓬头了。

2. 将编织终点的线头穿入缝针，穿至花的反面。从莲蓬头的反面入针，在大致4个点上进行缝合。在莲蓬头的反面打结。

3. 将花（前片）的中心重叠在步骤2中缝好的花瓣上，按相同要领进行缝合。

4. 将莲蓬头卡在穿孔式耳环金属配件上，用平嘴钳将爪扣压至内侧固定好。

5. 给花喷上定型喷雾剂。

6. 整理花形。夹式耳环等也按相同要领制作。棉花珍珠穿入T形针后用小圆环连接。项链吊坠装上吊坠扣后穿入链子即可。

花束项链

就像花束一样将喜欢的花朵搭配扎在一起制作而成。
基础的扎法是相同的，也可以发挥创意制作耳夹（p.68）
等作品。

作品图——*p.17*

成品尺寸（花束全长7cm）

* 蓝色系项链使用的小花有：水仙、大丽菊、三色堇、紫罗兰各1朵，勿忘我3朵，叶子（玫瑰）2片

材料 （1条粉色系项链的用量）

洋甘菊、银莲花、三色堇	各1朵
紫罗兰	3朵
叶子（玫瑰，参照p.52）	2片
花艺铁丝（白色，26号）	1根
花艺铁丝（白色，35号）	8根
蕾丝线（白色，80号）	适量
棉花珍珠（浅米色，6mm）	1颗
T形针	1根
小圆环（直径约4mm）	4个
链子（20cm）	2条
弹簧圆扣、调节链	各1个

配色表

A	3号	F	16号	K	10号
B	4号	G	2号	L	9号
C	5号	H	13、14号	M	10号（稍浅）
D	3、4号（随意上色）	I	18号	N	10号（稍深）
E	1号	J	17号	O	9、10、11号（随意上色）

制作方法

1. 分别钩织小花和叶子，然后上色。

2. 在26号花艺铁丝距离一端约1cm的位置涂上少许黏合剂，然后用蕾丝线缠1.5cm左右。

3. 在缠线部分的正中间弯折，折成一个圈。在圈的根部涂上少许黏合剂，再缠上线。

4 将小花编织终点的线头穿入缝针，再将线头穿至小花的反面。用锥子将银莲花反面的小孔扩大一点。

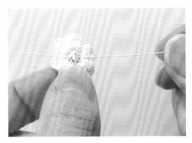

5 在步骤4扩大的小孔中穿入35号花艺铁丝。

6 将穿入小花中的花艺铁丝对折。参照p.39，也在其他小花中穿好花艺铁丝备用。

7 将叶子重叠在步骤3中做好的带圈花艺铁丝上，在花艺铁丝上涂上少许黏合剂，缠上线。注意与上次缠线的结束位置衔接好，不要露出多余的花艺铁丝，这样成品就会非常漂亮。

8 缠好一段线后，按相同要领继续将其他叶子和小花扎在上面，注意整体布局的均衡。

9 缠线的长度要根据花朵的大小进行调整。

要领

扎在一起的花艺铁丝和线头等，多余部分要一点点依次剪断，以调节花艺铁丝束的粗细。

10 所有小花扎好后，再在花艺铁丝上缠2~3cm，然后折弯花艺铁丝，折成一个圈。

11 将所有多余的花艺铁丝剪断，留下最长的线头，将其余线头都剪断。注意剪断花艺铁丝时，如果都按相同长度剪断，那一部分就会显得特别粗，所以要斜着剪断。

12 在花艺铁丝小圈的根部涂上少许黏合剂，缠上线。

13 缠好后，将线头穿入缝针，在花艺铁丝小圈的根部附近入针、出针，然后贴着表面将线头剪断。

14 上色，晾干后在步骤13中断线位置涂上锁边胶，再喷上定型喷雾剂。在两端穿入小圆环，然后用小圆环分别连接穿好T形针的珍珠、链子、弹簧圆扣和调节链。

铃兰耳饰

铃兰花形非常立体、逼真，
制作时使用了夹式耳环配件。
换成风铃花或樱花等，作品也会很可爱哟!

作品图 ———— *p.25*

成品尺寸（全长6.5cm）

A

材料	
铃兰花	7朵
铃兰的叶子（大、中、小）	各1片
人造仿真花蕊（珍珠白，1mm）	4根
花艺铁丝（白色，35号，15cm）	10根
蕾丝线（白色，80号）	适量
蝶形弹簧耳夹配件（带橡胶耳垫，圆盘）	1个
棉花珍珠（白色，6mm）	1颗
T形针、小圆环	各1个
遮蔽胶带	适量
双面胶	适量

配色表

A	13、14、15号

制作方法

1 钩织铃兰花（参照p.55）。调整花形
后喷上定型喷雾剂并晾干。在花朵中
插入剪成一半长的人造仿真花蕊，然
后参照p.39插入花艺铁丝。

2 将花朵错落有致地扎在一起，在花艺
铁丝上涂上少许黏合剂后缠线。

3 花束完成。

4 叶子分别加入花艺铁丝钩织（参照
p.38），上色后晾干。

5 将耳夹配件的底座放在叶子（大）的上面，再重叠放上叶子（中）。事先在底座上粘上双面胶。

6 将叶子（大）编织终点的线头穿入缝针，沿耳夹底座缝合一圈。

7 缝上耳夹配件后的状态。

8 将花束和叶子扎在一起，在花艺铁丝上涂上少许黏合剂，缠上线。每次衔接至上次缠线终点位置即可。结合耳朵的轮廓，一边适当调整形状一边缠线。

9 将叶子（小）叠在花束的侧边，按相同要领继续缠线。

10 缠好5mm左右后，将多余的花艺铁丝和线头剪断。然后一边调整一边继续缠线，使茎部保持一定的粗细。

11 缠好2cm左右后，折弯花艺铁丝，折成一个圈。

12 斜着剪断剩下的花艺铁丝束，留下最长的线头，将其余线头剪断。在花艺铁丝小圈的根部涂上少许黏合剂后缠上线。

要领

缠好线后将线头穿入缝针，在花艺铁丝小圈的根部附近入针、出针，然后贴着表面将线头剪断。

13 给茎部上色后晾干。花艺铁丝部分也要上色。晾干后，在步骤12中断线的位置涂上锁边胶。

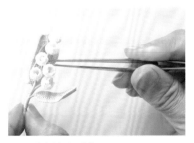

14 用镊子调整形状。

15 用遮蔽胶带包住耳夹配件，在整个作品上喷上定型喷雾剂。最后用小圆环将穿好T形针的珍珠连接到花艺铁丝小圈上。

鸭跖草胸针

与鸭跖草形状完美结合的胸针。
也可以改成勿忘我或向日葵等较大的花。

作品图 ——— *p.22*

成品尺寸（全长10.5cm）

材料

鸭跖草花	1朵
鸭跖草的叶子（大）	3片
鸭跖草的叶子（中）	2片
鸭跖草的叶子（小）	1片
人造仿真花蕊（黄色，1mm）	2根
人造仿真花蕊（白色，1mm）	1根
花艺铁丝（白色，35号，20cm）	7根
一字胸针（带圆盘，银色）	1根
极小玻璃珠	3颗

配色表

A	18号（稍深）
B	13、14、15号

制作方法

1. 在人造仿真花蕊两端涂上少许干后呈透明状的黏合剂，然后晾干，这样就会更有光泽。也可以涂上少许UV胶定型。

2. 晾干后将花蕊对半剪开。

3. 花朵钩织完成后上色。叶子加入花艺铁丝钩织，然后上色并晾干。用锥子插入花朵中心，将小孔扩大以便插入花蕊。

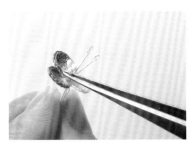

4 在4根黄色花蕊的蕊茎上涂上少许黏合剂粘在一起，然后将2根白色花蕊与黄色花蕊粘在一起，顶部要比黄色花蕊长出很多。将花蕊插入花朵中心。

5 参照p.39制作花的茎部。将叶子（小）纵向稍稍折弯，就像将花朵夹在中间一样，在紧靠花的下方与花扎在一起。

6 一边适当调整位置，一边将1片叶子（大）和2片叶子（中）扎在一起。然后再在花艺铁丝上缠线0.5mm左右。

7 再将1片叶子（大）扎在一起，在花艺铁丝上缠线0.5mm左右。

8 用剪钳将一字胸针的底座部分剪断。

9 在一字胸针的一头涂上黏合剂，穿入步骤6的花艺铁丝中间。

10 再将1片叶子（大）扎在一起，继续在花艺铁丝上缠线0.5mm左右。

11 在花艺铁丝上涂上少许黏合剂后缠线。线不够长时，在花艺铁丝中间夹入新的蕾丝线继续缠绕。

12 在中途将多余的花艺铁丝和线剪断，然后缠绕至叶子以下3cm左右。为了避免茎部突然变细，可以将花艺铁丝长短错开剪断。

13 缠好线后将线头穿入缝针，在缠好的线中入针、出针，然后贴着表面将线头剪断。

14 用和叶子相同颜色给茎部上色后晾干。

15 喷上定型喷雾剂，整理花形。再用镊子调整花蕊的形状。在步骤13中线断位置涂上锁边胶。在叶子的3个地方用黏合剂粘上玻璃珠。

七彩蝴蝶胸针

花团锦簇的蝴蝶，既华丽又精致。
制作成项链的技巧请参照p.69的要领说明。

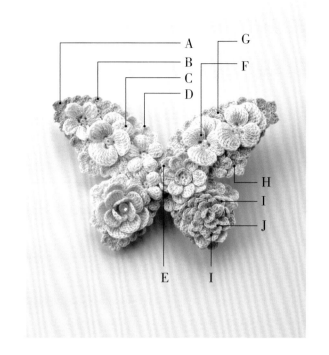

作品图——*p.14*

成品尺寸（全长7cm，高5cm）

材料

小花	42～45朵
三色堇	3朵
紫罗兰	2朵
银莲花	1朵
大丽菊	1朵
山茶花	1朵
樱花	1朵
单面胶不织布（原白色，6cm×8cm）	2块
厚衬布（涤纶，6cm×8cm×厚0.5mm）	1块
蕾丝布（6cm×8cm）	1块
旋转式胸针配件（金色，长4.6cm）	1个
水钻	1颗

配色表

A	4号	F	11号
B	3号	G	10号
C	2号	H	9号
D	1号	I	6号
E	13号	J	7号

制作方法

1 在纸型上涂上染料，涂出渐变的效果。

2 用80号的原白色蕾丝线钩织小花和各种花朵，按纸型的配色进行上色。在缝到不织布前，先将花按纸型摆放好备用。

3 按纸型大小裁剪不织布2块、厚衬布和蕾丝布各1块。如果没有蕾丝布，也可不用。

4 沿着不织布的边缘，分别用编织终点的线将小花缝好。

5 缝上小花后的状态。缝的时候，不要留出空隙，相互重叠一部分缝好。

要领

在花朵之间的空隙里粘入小花，细节部分也会非常精美。不要忘记花瓣下方的空隙也要粘上小花哟！

6 按步骤2中确定的位置，将较大的花朵一一缝上。在花与花之间的空隙里再缝上剩下的小花。

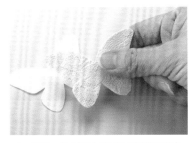

7 将另一块不织布与蕾丝布熨烫黏合，然后将厚衬布重叠在下方。

8 在蕾丝布一侧缝上旋转式胸针配件。这样，蝴蝶胸针下方的底片就完成了。

9 缝有胸针配件的一面朝下，将底片重叠在缝好花朵的不织布下面。

10 在重叠的不织布的边上做锁边绣缝合。从下方入针，从上方出针后，在针上绕线。

11 将针拔出后的状态。重复步骤10、11。

12 喷上定型喷雾剂，用镊子整理花形。

13 在山茶花的中心用黏合剂粘上水钻。

纸型

*请将纸型放大至200%复印后使用

花束耳夹

作品图——*p.16*

成品尺寸（花样全长4.5cm、2.5cm）

配色表

A	9号（稍浅）
B	10号
C	9号
D	13、14号

材料

银莲花	1朵	叶子（玫瑰，小）	2片
百合	1朵	叶子（百合，小）	3片
勿忘我	4朵	花艺铁丝（白色，35号，10cm）	8根
玫瑰	1朵	莲蓬头耳夹配件（螺丝弹簧式）	1对

制作方法

1. 参照各种花的制作方法钩织花朵和叶子。勿忘我、百合和叶子参照p.39制作茎部。先将1片叶子（百合）和1朵勿忘我扎在一起，再依次扎上1片叶子（百合）和2朵勿忘我。接着扎上百合，在剩下的花艺铁丝上缠少许线。

2. 将步骤1中完成的茎部穿入莲蓬头金属配件，用刚才缠绕结束时的线缝好。在旁边缝上1片叶子（玫瑰），再将银莲花放在莲蓬头金属配件中心的上面，在花瓣下面若干点上缝好。

3. 将1片叶子（百合）和1朵勿忘我扎在一起，在剩下的花艺铁丝上缠少许线。按步骤2相同要领，缝在另一个莲蓬头金属配件上。然后在旁边缝上1片叶子（玫瑰）。再将玫瑰放在莲蓬头金属配件中心的上面，在花瓣下面若干点上缝好。

4. 将莲蓬头卡在耳夹配件上，用平嘴钳将爪扣压至内侧固定，上色后晾干。

5. 参照p.45用人造仿真花蕊在百合的中心制作花蕊部分。在整个作品上喷上定型喷雾剂，用镊子整理花形。

山茶花项链和戒指

作品图——*p.19*

成品尺寸（项链：长4.8cm；戒指：直径1.7cm）

* 配色请参照p.49

材料

［项链］

山茶花	2朵
花蕾	1个
叶子（小）	1片
叶子（中）	3片
莲蓬头项链吊坠配件（直径12mm）	1个
花艺铁丝（白色，35号，10cm）	5根
吊坠扣	1个
链子（金色）	50cm
弹簧圆扣、调节链	各1个
小圆环	2个

［戒指］

山茶花	1朵
莲蓬头戒指配件（黄铜，莲蓬头直径12mm）	1个

制作方法

1. 制作项链。参照p.49钩织山茶花的花朵、花蕾和叶子。除了1片叶子（中），参照p.39分别制作茎部，上色后晾干。将1片叶子（小）和花蕾扎在一起，再扎上1片叶子（中）和1朵花。

2. 将步骤1中完成的茎部穿入莲蓬头金属配件，用刚才缠绕结束时的线缝好。在左侧缝上1片叶子（中）的茎部，在右侧缝上没有茎部的叶子（中）。再将山茶花放在莲蓬头金属配件中心的上面，在花瓣下面若干点上缝好。

3. 将莲蓬头卡在项链吊坠配件上，用平嘴钳将爪扣压至内侧固定。在山茶花的中心用黏合剂粘上人造仿真花蕊（参照p.49）。在整个作品上喷上定型喷雾剂，用镊子整理花形。装上吊坠扣，穿入链子，再用小圆环接上弹簧圆扣和调节链。

4. 制作戒指。钩织山茶花后上色。将花瓣的下方若干点缝在莲蓬头金属配件上。然后将莲蓬头卡在戒指底座上，用平嘴钳将爪扣压至内侧固定。制作花蕊，在花上喷上定型喷雾剂后整理花形。

装饰领式项链

作品图———*p.27*

成品尺寸（花样全长7cm）

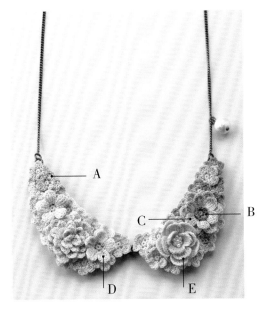

材料

小花	32～35朵
银莲花	1朵
大丽菊	1朵
山茶花	1朵
紫罗兰	1朵
樱花	1朵
单面胶不织布（原白色，4cm×14cm）	2块
厚衬布（涤纶，4cm×14cm×厚0.5mm）	1块
蕾丝布（4cm×14cm）	1块
无孔珍珠（白色，1mm）	7颗
双孔连接片	4个
棉花珍珠（浅米色，6mm）	1颗
T形针	1根

链子（22cm）	2条
弹簧圆扣	1个
调节链	1个
小圆环	6个

配色表

A	10号	D	3号
B	10号（稍深）	E	4号
C	11号		

纸型

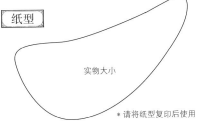

实物大小

＊请将纸型复印后使用

制作方法

1. 在纸型上涂上染料，涂出渐变的效果。用原白色蕾丝线钩织小花和各种花朵，按纸型的配色上色。在缝到不织布上前，先将花按纸型摆放好备用。

2. 按纸型大小裁剪不织布2块、厚衬布和蕾丝布，共2份。如果没有蕾丝布，也可不用。

3. 沿着不织布的边缘，分别用编织终点的线将小花缝好。

4. 按步骤1中确定的位置，将较大的花朵一一缝上。在花与花之间的空隙里再缝上剩下的小花。

5. 将另一块不织布与蕾丝布熨烫黏合。将不织布一面朝上，在两端各缝上1个双孔连接片。按相同要领，也在另一个底片上缝上双孔连接片（参照要领说明）。

6. 从下往上依次重叠步骤5中完成的底片、厚衬布、步骤4中完成的花片，在侧边做锁边绣缝合（参照p.67）。

7. 喷上定型喷雾剂，用镊子整理花形。在山茶花的中心用黏合剂粘上无孔珍珠。

8. 用小圆环连接左右2个花样。然后再用小圆环接上链子、调节链和双孔连接片。最后在链子中间用小圆环挂上1颗穿好T形针的珍珠。

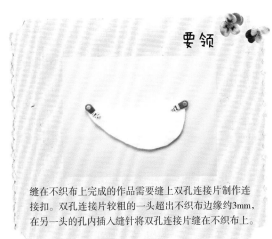

要领

缝在不织布上完成的作品需要缝上双孔连接片制作连接扣。双孔连接片较粗的一头超出不织布边缘约3mm，在另一头的孔内插入缝针将双孔连接片缝在不织布上。

蓝色蝴蝶项链

作品图———*p.15*

成品尺寸（宽5.5cm、高4cm）

材料

小花（小）	38~40朵

*编织图解参照p.49。

三色堇	2朵
紫罗兰	2朵
银莲花	1朵
山茶花	1朵
单面胶不织布（原白色，6cm×7cm）	2块

配色表

A	18号（稍深）
B	17号
C	12号
D	1号

厚衬布（涤纶6cm×7cm×厚0.5mm）	1块
蕾丝布（6cm×7cm）	1块
水钻	1颗
双孔连接片	2个
链子（22cm）	2条
弹簧圆扣	1个
调节链	1个
小圆环	4个

制作方法

1. 将p.67的纸型放大至150%，涂上染料，涂出渐变的效果。用白色蕾丝线钩织小花和各种花朵，按纸型的配色进行上色。在缝到不织布上前，先将花按纸型摆放好备用。

2. 按纸型大小裁剪不织布2块，厚衬布、蕾丝布各1块。如果没有蕾丝布，也可不用。

3. 沿着不织布的边缘，分别用编织终点的线将小花缝好。

4. 按步骤1中确定的位置，将较大的花朵一一缝上。在花与花之间的空隙里再缝上剩下的小花。

5. 将另一块不织布与蕾丝布熨烫黏合。将不织布一面朝上，在两端各缝上1个双孔连接片（参照p.69）。

6. 从下往上依次重叠步骤5中完成的底片、厚衬布、步骤4中完成的花片，在侧边做锁边绣缝合（参照p.67）。

7. 喷上定型喷雾剂，用镊子整理花形。在山茶花的中心用黏合剂粘上水钻。

8. 用小圆环连接链子，再用小圆环接上弹簧圆扣和调节链。

小花手链

作品图———*p.21*

成品尺寸（手链尺寸：17cm）

材料

白车轴草的四叶草（大、小）	各1片
白车轴草的三叶草（大、小）	各1片
紫罗兰	2朵
三色堇	1朵
角堇	1朵
双面胶	适量

配色表

A	13号
B	7号
C	8号
D	6号
E	15号
F	18号
G	1号
H	9号

银莲花	1朵
洋甘菊	1朵
蜡绳（浅褐色，0.7mm）	72cm
收尾线夹（黄铜，2mm）	2个
弹簧圆扣	1个
调节链	1个
小圆环	12个

制作方法

1. 参照各种花的制作方法钩织花朵和叶子，然后上色。

2. 将花朵和叶子编织终点的线头穿至反面，缝在小圆环上。

3. 将蜡绳4等分，合成一束，在两端贴上双面胶后装上收尾线夹。

4. 随机挑3根蜡绳，将花朵和叶子分别用小圆环穿在蜡绳上。

5. 最后用小圆环连接弹簧圆扣和调节链。

樱花发梳和项链

作品图——*p.18*

成品尺寸
（发梳：全长8cm，项链：全长9cm）

材料

［发梳］

樱花	17朵
花艺铁丝（白色，35号，15cm）	17根
小米珠（金色）	51颗
发梳（黄铜，15齿）	1个
手缝线（白色，棉）	适量

［项链］

樱花	12朵
花蕾	3个
花艺铁丝（白色，26号，20cm）	1根
花艺铁丝（白色，35号，15cm）	15根
无孔珍珠（黄色，1mm）	适量
棉花珍珠（白色，6mm）	1颗
T形针	1根
链子（20cm）	2条
弹簧圆扣	1个
调节链	1个
小圆环	5个

配色表

A	3、4号（极浅）
B	3、4号（稍深）
茎	13号
枝	稍浅的棕色

制作方法

1. 制作发梳。参照p.44钩织17朵樱花。参照p.39制作茎部（花萼的制作方法参照本页右侧），上色后晾干。每2~3根扎在一起备用。

2. 将花束错落有致地扎在一起。结束时参照p.60将花艺铁丝折成一个圈。

3. 参照要领说明，将步骤2中完成的花束用手缝线缠在发梳上。

4. 给茎部和枝条上色后晾干。用黏合剂分别在花芯位置粘上3颗小米珠。在花朵部分喷上定型喷雾剂，调整形状。

5. 制作项链。参照p.44制作花朵和花蕾，上色后晾干。

6. 在26号花艺铁丝距离一端1cm左右位置涂上少许黏合剂，用蕾丝线缠上1.5cm左右。在正中间折弯，折成一个圈。将花蕾和花朵错落有致地扎成一束。结束时参照p.60将花艺铁丝折成一个圈。

7. 给茎部和枝条上色后晾干。在花芯位置分别粘上6~7颗无孔珍珠。在花朵部分喷上定型喷雾剂，调整形状。在两端用小圆环连接链子，右端再用小圆环挂上穿好T形针的珍珠。最后用小圆环连接弹簧圆扣和调节链。

花萼的制作方法
花朵的钩织方法参照p.44。

1　*2*　*3*

制作花萼时，将编织起点的线预留出20cm左右。将编织起点和编织终点的线穿至花朵的反面，参照p.39将花艺铁丝穿入花朵的中心位置。在花艺铁丝上涂上少许黏合剂，用其中一条线缠5mm左右。在缠好的线上涂上少许黏合剂，用同一条线朝花朵方向缠线（图1），结束时断线。再次在缠好的线上涂上少许黏合剂，用另一条线继续缠线（图2）。缠上3层线后就能表现出花萼鼓起的形态（图3）。

要领
制作花束后将其缠在发梳上。在发梳的齿与齿之间绕线，缠紧。将花朵错开一点会比较容易缠线。

丝带项圈

作品图———*p.24*

成品尺寸
（全长120cm；缝上花的部分：约24cm）

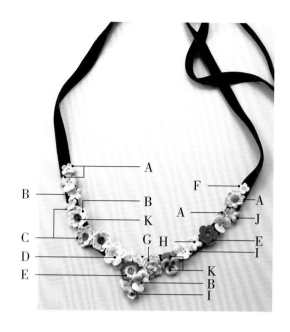

【材料】

紫罗兰	5朵
三色堇	5朵
银莲花	4朵
勿忘我	4朵
小花	3朵
洋甘菊	1朵
山茶花	1朵
大丽菊	1朵
叶子（玫瑰，小）	1朵
莲蓬头带吊环项链吊坠配件（黄铜，18mm）	1片
天鹅绒丝带（宽10mm）	120cm
手缝线（黑色，棉）	适量
小圆环	1个
无孔珍珠（白色，1mm）	6颗

【配色表】

A	10号	G	8、9号
B	9号	H	11号
C	7号	I	6号
D	13号	J	5号
E	16号	K	9号（稍深）
F	8号		

【制作方法】

1. 参照各种花的制作方法钩织花朵和叶子，上色后晾干。

2. 沿天鹅绒丝带上侧边缘，由中心向左右各12cm，用黑色手缝线针脚细密地做平针缝。拉线头，将丝带拉成圆弧状，打结后剪断多余的线。在天鹅绒丝带的中心缝上小圆环。

3. 在莲蓬头金属配件上缝上2朵小花、1朵银莲花、1朵三色堇、1朵紫罗兰、1片叶子。将莲蓬头卡在项链吊坠配件上，用平嘴钳将爪扣压至内侧固定。

4. 将剩下的花错落有致地缝在天鹅绒丝带上。将步骤3中完成的部分连接到小圆环上。

5. 在所有的花朵上喷上定型喷雾剂，用镊子整理形状。最后在山茶花的中心用黏合剂粘上无孔珍珠。

要领

如图所示，将小圆环缝在天鹅绒丝带的中心位置。将丝带拉成圆弧状时，在拉线后，用手捋一下天鹅绒丝带进行调整，这样拉出的弧度会非常自然、漂亮。

花环胸针

作品图——*p.22*

成品尺寸（花环的直径4.5cm）

作品图——*p.22*

材料

紫罗兰	2朵
白车轴草	2朵
银莲花	1朵
三色堇	1朵
洋甘菊	1朵
白车轴草的四叶草（大）	2片
白车轴草的四叶草（小）	1片
白车轴草的三叶草（大）	4片
白车轴草的三叶草（小）	2片
花艺铁丝（白色，26号）	15cm
花艺铁丝（白色，35号，15cm）	16根
旋转式胸针配件（金色，2.8cm）	1个

制作方法

1. 参照各种花的制作方法钩织花朵和叶子，然后上色。

2. 参照p.39用35号花艺铁丝制作茎部。在26号花艺铁丝的一端留出5cm左右，将花朵和叶子错落有致地扎成一束。

3. 全部扎成一束后，将花艺铁丝折弯成圆形（参照要领说明）。将两端的花艺铁丝留3cm左右后剪断，重叠在一起，缠上双面胶后再缠上线。

4. 在旋转式胸针配件的两面粘上双面胶，再粘在步骤3中完成的花艺铁丝束上，缠线固定。结束时将线头穿入缝针，在胸针下侧附近入针、出针，然后贴着表面将线头剪断。

5. 给茎部和胸针上缠的线上色后晾干。在整个作品上喷定型喷雾剂，调整形状。在步骤4中断线位置附近涂上锁边胶。

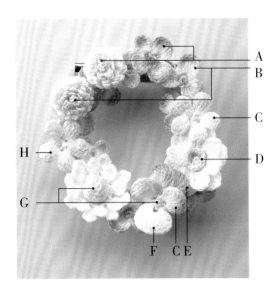

配色表

A	15号
B	13、14号
C	4号
D	14号
E	4、5号
F	2号
G	1号
H	3号

要领

花艺铁丝两端重叠的长度为旋转式胸针配件的长度。剪断多余的花艺铁丝，缠上蕾丝线（参照图1~3）。在步骤4中粘上旋转式胸针配件，再缠上蕾丝线。

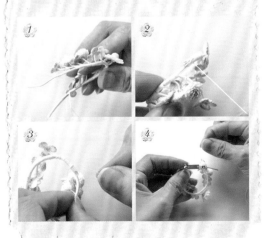

小天鹅胸针

作品图 —— *p.22*

成品尺寸（4.5cm×4.5cm）

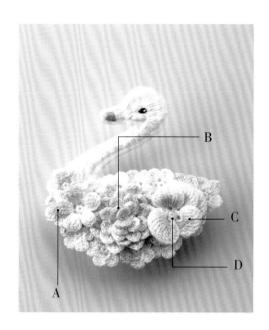

材料

小花	14~15朵
紫罗兰	1朵
大丽菊	1朵
三色堇	1朵
花艺铁丝（白色，35号）	20cm
不织布（白色）	2块
刺绣线（DMC白色）	适量
刺绣线（DMC 3078）	适量
刺绣线（DMC 318）	适量
刺绣线（DMC 310）	适量
旋转式胸针配件（4cm）	1个

制作方法

1. 参照各种花的制作方法钩织花朵，上色后晾干。三色堇的花芯要等整体晾干后再上色。小花则用7~11号染料进行随意上色。

2. 在1块不织布上描下纸型的线，沿轮廓线将花艺铁丝缝在不织布上（参照要领说明）。小天鹅的头部和颈部从花艺铁丝上方做刺绣，针法用到缎面绣（根据需要变化针脚的长短，针迹要直、密）和长短针绣（紧密渡线，填充图案平面）。在刺绣的外侧2~3mm处剪下不织布。

3. 沿着小天鹅的身体部分的边缘，用编织终点的线分别缝上小花。

4. 在轮廓线内侧约3mm的地方，分别将花朵缝在合适的位置。在花朵之间的空隙里再缝上剩下的小花。剪掉多余的不织布。

5. 沿纸型的外侧线裁剪另一块不织布。为避免影响刺绣部分，在反面涂上黏合剂，整理形状。

配色表

A	7号（稍浅）
B	10、11号（随意上色）
C	9号
D	1号（稍深）
小花	7~11号（随意上色）

纸型

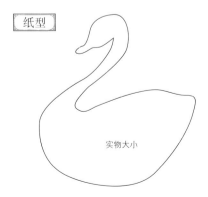

实物大小

* 请将纸型复印后使用

要领

在花样的轮廓中加入花艺铁丝可以使作品呈现较强的立体感。沿着纸型的轮廓线折弯并放好花艺铁丝，用与刺绣线相同颜色的手缝线在若干点上缝好（为方便理解，图中使用了不同颜色的线）。

夹式和穿孔式音符耳环

作品图 ——— *p.26*

成品尺寸（全长4cm）

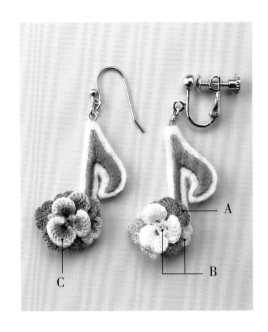

材料（1对耳环的用量）

小花	12朵
角堇	2朵
花艺铁丝（白色，35号）	20cm
不织布（白色）	2块
刺绣线（DMC 535、553）	各适量
9字针	2根
夹式耳环配件（螺丝弹簧式）或者穿孔式耳环	
配件（U形）	1对
小圆环	2个

制作方法

1. 参照各种花的制作方法钩织花朵，上色后晾干。

2. 在1块不织布上描下纸型的线，沿轮廓线将花艺铁丝缝在不织布上（参照p.74）。音符的上半部分从花艺铁丝上方做刺绣，针法用到缎面绣和长短针绣。

3. 在刺绣的外侧2~3mm处剪下不织布。完成部分的反面缝上9字针（参照要领说明）。

4. 沿着音符的下半部分的轮廓线，在内侧2~3mm的地方，分别用编织终点的线缝上花朵。分别在中心位置缝上角堇。剪掉多余的不织布。

5. 和步骤4的不织布对齐并剪下。涂上黏合剂，与步骤4中完成的花片对齐粘好。

6. 除刺绣部分以外，喷上定型喷雾剂，用镊子整理花形。最后用小圆环连接上耳环配件。

配色表

A	6号
B	1号（稍深，从中心向外渐变）
C	黑色（从中心向外渐变）

＊小花分别将染料稀释成不同深浅后进行上色

要领

为了连接耳环配件，事先缝上9字针。注意要让9字针的连接环露出顶部。

纸型

实物大小

＊请将纸型复印后使用

一朵玫瑰的迷你花园

作为应用篇，下面介绍的作品使用了圆顶玻璃罩。
放在里面的花也可以替换成自己喜欢的花。

作品图 ——*p.23*

成品尺寸（圆顶玻璃罩直径2cm，高2.5cm）

材料

| 玫瑰（小）（＊编织图解见p.52） | 1朵 |
| 花瓣 | 1片 |

＊编织图解参照p.77

叶子（玫瑰，小）	1片
花萼（三色堇）	1个
圆顶玻璃罩（圆筒形，带吊环）	1个
底座（直径2cm）	1个
小碎石	适量

配色表

A	16号
B	13、14、15号

圆顶玻璃罩

圆顶玻璃罩由玻璃罩和底座组成。玻璃罩的形状和大小等有很多种，可以在手工用品店等购买。本书中使用的是圆筒形的玻璃罩。

制作方法

1. 钩织玫瑰、花瓣、花萼和叶子。参照p.39制作茎部。上色后晾干备用。

2. 将圆顶玻璃罩罩在玫瑰上，确认高度。

3. 在底座上粘上双面胶。

适合与圆顶玻璃罩搭配使用的素材

制作圆顶玻璃罩作品时，必不可少的是装饰于花根部的素材，推荐使用小碎石和手工沙等。小碎石是一粒粒细小的石子，有各种各样的小碎石。手工沙也有很多种颜色。无论是小碎石还是手工沙，常用于微景观模型中，在手工材料店和模型店等都可以买到。此外，加上微景观模型专用人偶及动物模型等也不错哟！

4 如图所示折弯玫瑰的茎部，将多余的花艺铁丝剪断。

5 用镊子将玫瑰固定在底座上。

6 在指尖粘上双面胶，将步骤5中完成的部分放在指尖上。这样，底座固定后，比较容易进行下面的操作。

7 在玫瑰的根部涂上黏合剂。

8 在涂上黏合剂的部分放上小碎石。将底座倒过来抖落多余的小碎石。

9 在小碎石上面涂上少许黏合剂，粘上花瓣。

10 完成。在底座的边缘涂上黏合剂，罩上圆顶玻璃罩固定好。

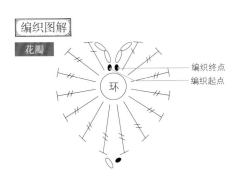

编织图解

花瓣

编织终点
编织起点

环

微型钩织玩偶
的浪漫花园

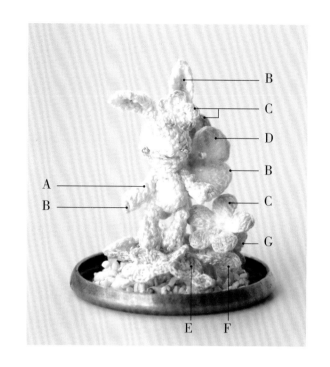

作品中使用的钩织玩偶小巧得可以放在指尖上，宛如置身于一个小花园中。

作品图 ——— *p.23*

成品尺寸（圆顶玻璃罩直径3.5cm，高4cm）

材料

钩织玩偶	1个
角堇	1朵
紫罗兰	1朵
花萼（角堇）	1个
小花	2朵
白车轴草的四叶草（小）	4片
白车轴草的三叶草（小）	4片
刺绣线（金色）	适量
花艺铁丝（白色，35号）	1根
圆顶玻璃罩（圆筒形，带吊环）	1个
底座（直径3.5cm）	1个
小碎石	适量

配色表

A	稍浅的棕色		E	15号
B	3号		F	13号
C	6号		G	14号
D	4号			

制作方法

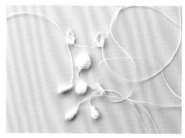

1 参照p.79的编织图解钩织玩偶的各个部分。

2 分别将两只耳朵缝在头上，将前、后肢缝在身体上，最后缝合头部和身体。在脸上用刺绣线绣上眼睛和嘴巴。将花艺铁丝对折，插入玩偶的脚中。

3 钩织花朵，参照p.39制作茎部。角堇还要加上花萼。小花和叶子使用0.4~0.45mm的细钩针和100号蕾丝线钩织。除了1朵小花外，其余小花均需制作茎部。将没有茎部的小花缝在玩偶的头上。

4 将圆顶玻璃罩罩在玩偶上，确认高度。在底座上粘上双面胶。折弯玩偶的花艺铁丝部分后粘在底座上，将多余的花艺铁丝剪断。

5 折弯角堇的茎部，同样粘在底座上。按相同要领粘上紫罗兰后，再错落有致地粘上白车轴草的四叶草和三叶草。

6 在花的根部涂上黏合剂，放上小碎石。将底座倒过来抖落多余的小碎石。

7 完成。

8 在底座的边缘涂上黏合剂，罩上圆顶玻璃罩固定。

要领

粘贴白车轴草的四叶草和三叶草时，调整叶片位置，使叶子靠近玩偶的脚部。这样，玩偶看上去就仿佛站在叶子上一样。

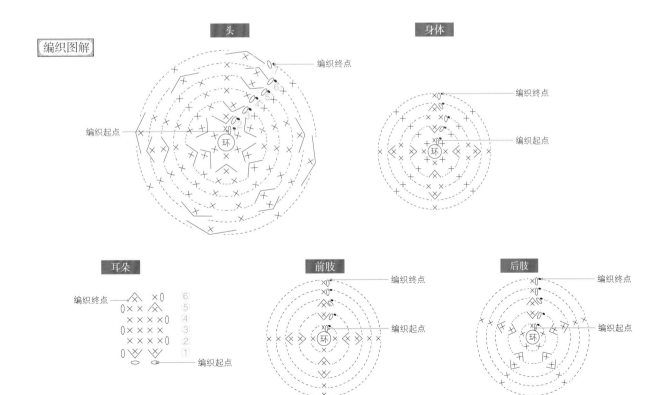

编织图解

KAGIBARI DE AMU LUNARHEAVENLY NO CHIISANA OHANA NO ACCESSORY © Lunarheavenly Nakazato Kana 2017.

Originally published in Japan in 2017 by KAWADE SHOBO SHINSHA Ltd.

Publishers Chinese（Simplified Character only）translation rights arranged with KAWADE SHOBO SHINSHA Ltd.Publishers,TOKYO.

through TOHAN CORPORATION,TOKYO.

Lunarheavenly
中里华奈

著名蕾丝钩编艺术家。母亲是和服裁缝，耳濡目染，从小就很喜欢各种手工。2009年创立Lunarheavenly品牌。目前主要在日本关东地区忙于举办个展、活动参展、委托销售等工作。

摄影	安井真喜子
造型	铃木亚希子
图书设计	濑户冬实
插图、编织图	株式会社WADE LTD.
协助编辑	株式会社 OMEGASHA Co.Ltd.

备案号：豫著许可备字-2017-A-0161

图书在版编目（CIP）数据

中里华奈的迷人蕾丝花饰钩编 / (日) 中里华奈著；蒋幼幼译. —郑州：河南科学技术出版社，2018.1（2023.12重印）

ISBN 978-7-5349-9039-7

Ⅰ. ①中… Ⅱ. ①中… ②蒋… Ⅲ. ①钩针—编织—图集 Ⅳ. ①TS935.521-64

中国版本图书馆CIP数据核字（2017）第239887号

出版发行：河南科学技术出版社

　　　　地址：郑州市郑东新区祥盛街 27 号　　邮编：450016

　　　　电话：(0371) 65737028　　65788613

　　　　网址：www.hnstp.cn

策划编辑：刘　欣

责任编辑：刘　欣

责任校对：王晓红

封面设计：张　伟

责任印制：朱　飞

印　　刷：北京盛通印刷股份有限公司

经　　销：全国新华书店

开　　本：889mm×1194mm　1/16　印张：5　字数：100千字

版　　次：2018年1月第1版　　2023年12月第11次印刷

定　　价：49.00元